みんなは、生活をするなかでいろいろな単位をつかっています。
小学校（算数）では長さ、かさ（体積）、広さ（面積）、重さ、時間を学習しますが、学習しない単位もたくさんあります。
この本では、学校で学習しない単位にもふれています。

この表はコピーして使用することができます。

広さ（面積）	重さ	時間
		時刻の読み方
		日 時 分
	kg g t	s（秒）
km² m² cm² ha a		

出典：文部科学省が発表した学習指導要領

「目からウロコ」単位の発明！

⑤ 重さの単位　取引のために金銀・香料などをはかるには？

巻頭まんが❶「アルキメデスの黄金調査」

今回の巻頭まんがは、お話をふたつ見てもらいます。ひとつ目は、「アルキメデスの黄金調査」というもの。あの有名なアルキメデスが、この本のテーマに通じることをやったといわれています。

アルキメデスは、古代ギリシア時代の天才科学者。シチリア島に生まれ、当時の学問の中心地だったエジプト・アレクサンドリアで学び、そのあと郷里にもどり、「てこの原理」★や「球体の表面積・体積のもとめ方」「円周率の計算」★など、さまざまな自然法則を発見。人類史上に大きな業績をのこしました。

これから見る巻頭まんが❶は、かれにまつわる有名な「金の王冠」というお話からつくったものです。さあ、アルキメデスのすごさを見てみましょう。

※「金の王冠」として伝わっている話には、色々なものがあります。この本では、それらを参考にして、オリジナルでつくりました。

あるとき、シラクサという国の王さまヘロンは、金の王冠をつくろうと、金細工師をよんで金塊をわたし、「これでこの世にふたつとないわしだけの王冠をつくれ」と命じました。
　しばらくして、金細工師が黄金にかがやきながらも、もとの金塊よりはるかにきれいな王冠を持って、ヘロン王に手渡しました。

王は、いいました。
「なんというかがやきだ！　すばらしい！黄金色というより、はるかに明るくかがやいている」
　その王冠を頭にのせて、たいそうお喜びでした。

ところが、まもなくヘロン王の王冠について妙なうわさがたちました。
「あれは黄金ではない！」
「金の色というのは、もっと上品で、やさしい黄金色のはずだ」
「あんなに白っぽくかがやいているのは、なにかおかしい」

王冠をつくった金細工師についてよからぬ話もささやかれました。
「ヘロン王から預かった金塊の一部をくすねて、その分、ほかの金属をまぜたんだ。そうしたら、かえって明るくかがやいたんだ」というものでした。
たしかに、その金細工師のつくった王冠は、黄金色より明るくかがやいていました。
その後まもなくすると、金細工師の金まわりがよくなりました。

とうぜん、そのうわさ話は、ヘロン王の耳にも入ります。
ヘロン王は、シラクサ一番の知恵者として評判の高かったアルキメデスをよびだしました。そして、いいました。

王冠を傷つけることなく、なにかほかのまぜものが入っていないか、調べてほしい。

さすがのアルキメデスも、どうしたものかと考えあぐねました。

ある日のこと、アルキメデスがおふろに入っているときでした。おゆが、ふろおけからあふれるのを見た瞬間、ひらめいたのです。
　そのひらめきとは、こうです。

- 王が金細工師に渡した金塊とまったく同じ金のかたまりを準備する。
- その金塊と王冠をそれぞれ、水をぎりぎりまではった容器にしずかにしずめる。
- 金塊と王冠のどちらの水が多くこぼれるかを慎重に調べる。
- 金塊と王冠で、黄金の量が同じであれば、形はちがっても体積は同じはず。こぼれる水の量は同じでなければならない。
- 結果、王冠を入れたほうが、金塊を入れたよりも多くの水があふれた。
- アルキメデスは、王冠にはまぜものが入っている、と結論づけた。

こうしてアルキメデスは、おふろで「浮力の原理」★や「比重」★についても発見したのです。

※これはフィクションです。実際には、この方法で、金属の微妙な比重のちがいまで見つけることはむずかしいとされています。

このシリーズ④巻「かさ・体積」の巻頭まんがには、たかひろくんがおふろで自分の体積をはかるというシーンがあります。紀元前の天才・アルキメデスと同じ方法を思いついたたかひろくんが、どんなおとなになるのか、たのしみです。

ご家族のみなさまへ

1kgのものを、みんなでさがそう

この宿題は、ご家族みんなでやっていただきたいと考えます。
ご家族みんなで相談しながら、家のなかにある1kgと思えるものをさがしてください。
もちろん、都合が合わなければ、本人だけでもかまいません。

【さがし方】

❶ みんなで協力して1kgのものを、手に取った感覚でさがします。
重さが書いてあるものをさがすのではありません。あくまでも手の感覚で見つけだしてください。そのため、次のようなものは対象外です。
・1Lのペットボトル飲料
・1000ccの紙パックの牛乳

❷ 軽いものを合計して1kgにしてもかまいません。逆に、重いものの一部を、1kgと判断してもかまいません。

【お願いと注意点】

この宿題は、「肌感覚（手に取った感覚）」により、1kgを見つけだすものです。1円玉が1gであるといった知識は必要としません。

見つけだしたものの報告のしかたや、注意事項などは、学校でお子さんに話しましたので、なにか質問があれば、本人に聞いてください。

今回の宿題は、子どもたちがリーダーとなってご家族でおこなっていただきたいと考えています。子どもたちがリーダーとなって説明をすること、調査をすることが、よい経験になるからです。どうぞよろしくお願いします。

クラス担任

はじめに

　大昔の人類は、空に太陽がのぼるとともに起きて、しずむと寝るといった生活をしていました。そうした時代の人類がはじめてはかったものは、「時間」だと考えられています。夜空にうかぶ月が丸くなったり細くなったりする（月の満ち欠け）のを見て時間をはかったのです。その証拠として、月の満ち欠けの記録と思われる線が刻まれた石が、約3万年前の遺物から見つかっています。

　やがて狩猟・採集生活をしていた人類は、土地に住みついて穀物を栽培するようになります。そうなると、なにをするにも道具が必要。さまざまな道具を発明します。そうしたなかで、「長さ」や「かさ（体積）」などをはかる（計量する）必要が出てきました。

　古代エジプトでは、毎年ナイル川が氾濫し、その近くの農地が何か月ものあいだ水につかってしまいます。そして水が引いたあと、どこがだれの土地なのかがわからなくなってしまいました。このため、土地をもとどおりにするため、はかること（測量）がおこなわれました。

　その後、農業が発展し、収穫量がどんどん増えていくと、それを売り買いするのに「かさ（体積）」や「重さ」をはかるようになります。

　そうしたなか、都市国家が誕生。紀元前8000年ごろになると、そこでくらす人びとは、金銀・宝石・香料など、あらゆるものの取引をはじめます。

　そうしているうちに、人類は「時間」や「長さ」、「かさ（体積）」、「重さ」のほか、さまざまな単位を必要におうじて発明していきました。

　本シリーズは、現在わたしたちが日常的につかっているいろいろな単位について、みなさんが「目から鱗がおちる（新たな事実や視点に出あい、それまでの認識が大きくかわる状況をあらわす表現）」ように「そうだったんだ！」とうなずいてもらえるように企画したものです。題して「目からウロコ」単位の発明！シリーズ。次のように5巻で構成しています。

「目からウロコ」単位の発明！（全5巻）
① **いろいろな単位** 単位とはなにか？
② **長さ・角度・速さの単位** 人類は、いろいろなものをはかるようになった
③ **面積の単位** 洪水後の土地をもとどおりにはかるには？
④ **かさ・体積の単位** 農業の発展・収穫量を正しく知るには？
⑤ **重さの単位** 取引のために金銀・香料などをはかるには？

　それでは、いつもつかっているいろんな単位について、「そうなんだ！　そうだったのか！」といいながら、より深く理解していきましょう。

子どもジャーナリスト
Journalist for Children　**稲葉茂勝**

もくじ

巻頭まんが ❶「アルキメデスの黄金調査」……1
　　　　　 ❷「ぼくたち1キログラム調査隊」……6
はじめに ……10
もくじ ……11

1 1g・1kgの感覚を知る
……12

身近なもので1gを感じる ……12
道具をつくるための単位 ……13
身近なもので1kgを感じる ……14
感覚を高める ……14
空びんの重さ ……15

2 はかりは古代エジプトからあった！……16

天びんの誕生 ……16
[もっとくわしく] 分銅 ……16
さおばかりの発明 ……17
かんたん「さおばかり」をつくろう ……18

3 中国の「黄河文明」では
……20

「新莽嘉量」とは ……20
単位になったお金 ……21
[もっとくわしく] 人類初の硬貨 ……21

4 日本の単位 ……22

一文銭1000枚をひもでつなぐと1貫
……22
日本の「尺貫法」……23

5 単位の統一 ……24

重さの単位 kgの登場 ……24
「国際キログラム原器」の登場 ……25
すごかったフランス・イギリス ……25
幕末の日本では ……25

6 体重は、はかる場所によってかわる？……26

質量と重量 ……26
極地方と赤道近くで体重をくらべると
……26
富士山の頂上ではかると？ ……27
[もっとくわしく] 万有引力の法則 ……27

クイズ どっちが重い？……28
用語解説 ……30
さくいん ……31

この本の見方

参照ページがあるものは、→のあとにシリーズの巻数とページ数（同じ巻の場合はページ数のみ）を示している。

用語解説のページ（p30）に、その用語が解説されていることをあらわしている。

1 1g・1kgの感覚を知る

日本の硬貨の重さは、1円玉が1g、5円玉3.75g、10円玉4.5g、50円玉4.0g、100円玉4.8g、500円玉*は7.0gです。ということは、1円玉なら1000個（1000円分）で、50円玉は250個（1万2500円分）で、1kgになる計算です。　*新500円玉は7.1g

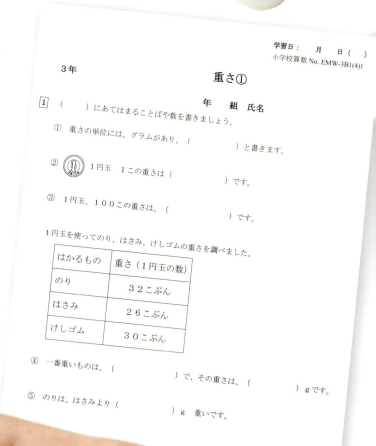

身近なもので1gを感じる

　1g・2g・3g・4gと、1g単位の重さがどんな感じになるのかをためすには、小数点以下がない1円玉、50円玉、500円玉が便利。

　手のひらに1円玉をのせて、1gの重さがどのくらいかを感じてみましょう。

　次に、自分の感覚で、身近にあるいろいろなものが何gになるか、これらの硬貨を単位として調べてみます。たとえば、のりやはさみ、消しゴムなどが、それぞれ1円玉何個分かを当ててみましょう。

　右は、大阪府がつくったプリント教材です。全国の小学校で、3年生が1円玉をつかって重さの勉強をしています。

1gの重さの見当がつくかな？

12

道具をつくるための単位

このシリーズの①巻では、道具が必要になった人類がさまざまな道具をつくるために、「単位」を必要とするようになったとありました（→①巻p20）。このことについて、ここであらためて考えてみましょう。

天びんと分銅と単位の関係

シリーズ①巻をふりかえり、天びんと分銅の歴史をあらためて考えてみます。

古代の人たちは、ものの重さを比較するために天びんをつくりました。

やがてものどうしの重さを比較するのではなく、基準となる「分銅」をつくって、重さをはかるようになりました（→p16）。

そして、その重さを記録することで、その場だけでなく、はなれたところでも、また、時間がたっても、ものの重さを知ることができるようになりました。

このように考えると、分銅が、重さの単位としてつかわれたことがわかります。人類は、重さの単位を発明し、それ以降、もののやりとり・売り買いをいっそうさかんにしていくのでした。

じつは、このようすは、お金の誕生とよく似ています。

お金がない時代、もののやりとりは物々交換でしたが、お金が誕生すると、はなれたところどうしでも、ものの交換ができるようになりました（→①巻巻頭まんが）。

いろいろな1kgの量や個数

身近なもので1kgを感じる

巻頭まんが❷（→p6）では、1kgの調査をしています。まんがに登場するお父さんは、その後きっと1円玉1000個を持ち帰ってきたのではないでしょうか。また、お母さんも、くだものや野菜などを準備したのかもしれません。

感覚を高める

重さに対する感覚というのは人によって大きくちがいます。巻頭まんがの宿題が、ひとりではなく、家族でやるように設定されたのは、重さの感覚のちがいをみんなで補正するためでもあるのです。

50円玉（4.0g）、100円玉（4.8g）、500円玉（7.0gもしくは7.1g）について、重さを明らかにしてあったのは、重さを1円玉だけを基準にして感じとるのではなく、いろいろなものを基準として利用してみるといいからでした。

キャベツ 1個

グレープフルーツ 3個
（1個 約300〜400g）

ぶどう（シャインマスカット） 2房
（1房 約500g）

1kgの金属

金
52mm
113mm
厚さ 10mm

アルミニウム 1円玉 1000枚

2 はかりは古代エジプトからあった！

人類がはじめてつくったはかりは、「天びん」でした。
エジプトの古代文書『死者の書』にもえがかれていますが（→①巻p21）、
その起源は紀元前5000年より前だといわれています。

天びんの誕生

「天びん」とは、てこのはたらきを利用した道具。中央をささえた「棒」の両はしに皿をつるし、いっぽうに、はかろうとするものを、もういっぽうにおもり（分銅）をのせ、「棒」が水平になるかどうかを見て重さをはかるというもの。はかりの一種です。

紀元前15世紀のギリシャでつかわれた、青銅でできた天びんばかりと鉛でつくられたおもり（分銅）。

もっとくわしく

分銅

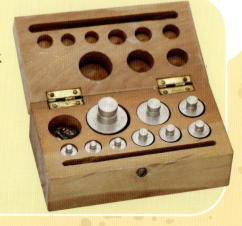

はかりで重さをはかるとき、重さの基準とされたのが、「分銅」とよばれるおもりのこと。現代の分銅は、いろいろな重さのものをはかれるようにセットになっています。

たとえば、1g、2g、5g、10gの分銅があれば、それらを組み合わせて1gから18gまでの重さがはかれます。さらに、そのセットが複数あればはかれる重さはどんどん広がります。

青銅でできたローマばかり。重さをはかるめもりをつけたさおの先端のフックではかるものをつるし、手で取っ手を持ち、もう一端のフックに分銅をかけて、さおが水平になるまでフックを左右にずらして重さをはかる。

さおばかりの発明

　天びんはすぐれた道具。天びんが登場したことで、人類はものの売り買いや貿易がますますスムーズにできるようになりました。

　しかし、より細かく、正確な重さをはかったりくらべたりするために、たくさんの分銅が必要になってきます。

　そのため、天びんと分銅のセットを持ちはこぶのがたいへんになってきました。

　ローマ時代になると、天びんを改良した「ローマばかり」とよばれるはかりが発明されました。それが、「さおばかり」です！　さおばかりは、天びんと同じで、てこのはたらきをつかったはかりです。

　1本の棒（さお）と1個のおもりで、重さをはかることができます。持ちはこびにも便利で、世界じゅうで広くつかわれるようになります。

　シルクロード★で結ばれていたローマと中国の行き来により、同じころの中国でもさおばかりが考え出されていました（ローマ、中国どちらが先に考え出したかは不明）。

17

かんたん「さおばかり」をつくろう

自分の感覚で消しゴムなどを「1円玉何個分」とあてるのはむずかしい！
そのことは、12ページの作業をしてみるとわかります。
より正確に重さをはかるための道具「さおばかり」をつくってみましょう。

さおばかり

「さおばかり」とは、その名のとおり「さお」といわれる長い棒をつかったはかりのことです（→p17）。ここでは、長さ36cmの竹ひご、たこ糸、紙ねんど、厚紙をつかって、かんたんにできるさおばかりのつくり方を紹介しましょう。

じゅんびするもの
- 長さ36cmの竹ひご
- たこ糸
- 紙ねんど
- 厚紙
- 接着剤
- コンパス

ミニさおばかりのつくり方

1 竹ひごのはしから1cmと5cmのところにしるしをつける。

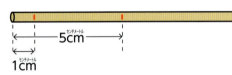

2 厚紙から半径4cmの円を切りとり、まわりに切れ目をいれて、ふちを立たせて皿をつくる。つぎに、同じ長さに切った3本のたこ糸の先を、皿のうらにはりつけ、糸のもういっぽうのはしをまとめて、かたくむすぶ。むすび目より先にのこった部分の糸をまとめて、皿を竹ひごにむすびつける。

コンパスで半径4cmの円をかき、切りとる。

3 はしから1cmのところに皿をつるし、5cmのところに、たこ糸でつくったつりさげ糸をつける。

接着剤でとめる。

かたくむすぶ

うら

ぶらさげたとき、皿がかたむかないようにくふうしよう！

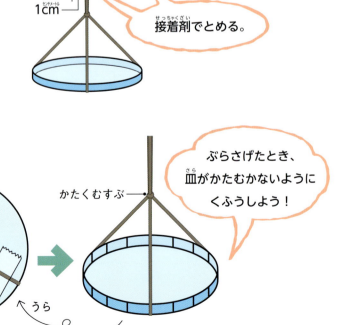

4 たこ糸のいっぽうの先に、てきとうな大きさにまるめた紙ねんどをつけて、おもりをつくる。ねんどをつけていないほうのはしに「動かせるような」輪をつくり、皿と反対側につるす。

5 皿に1円玉を5枚のせて、つりあうところまでおもりの位置をうごかす。つりあったら、おもりがぶらさがっている位置にしるしをつける。

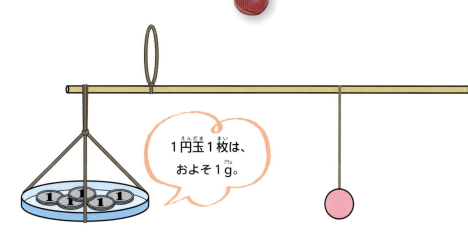

1円玉1枚は、およそ1g。

6 5とおなじやり方で、1円玉10枚、15枚、20枚を皿にのせていき、それぞれがつりあうおもりの位置にしるしをつける。

7 これで、5g、10g、15g、20gがはかれるミニさおばかりの完成!

うまくつくれたかな?さっそく、消しゴムなどみんなの身のまわりにあるものの重さをはかってみましょう!

3 中国の「黄河文明」では

世界四大文明★のひとつ中国の「黄河文明」★のなか、周王朝（紀元前1046年頃～紀元前256年）では、すでにはかり（天びん）がありました。また、秦王朝を建てた始皇帝（紀元前259年～紀元前210年→①巻p21）は、貨幣とともに単位を統一しました。

「新莽嘉量」とは

中国では、新王朝（8年～23年）および漢王朝（後漢25年～220年）のころ、「新莽嘉量」★とよばれる銅でつくられた枡が登場。新莽嘉量は、かさと長さ、さらに重さをはかる基準とされていたことが、その時代の遺物からわかっています。

新莽嘉量は、円筒形の大きい枡ふたつ（斛と斗）が上下に合わさっていて、その左側に小さな枡（升）ひとつと、右側に合と龠とよばれる小さな枡が上下に合わさっています。これら斛と斗、升、合と龠といったことなる大きさの枡を組み合わせて用いて、いろいろなもののかさをはかったと考えられています（斗と龠はひっくり返して使用）。また、枡の

国立故宮博物院（台湾）に展示されている「新莽嘉量」。

内側の長さが下の左図のように決まっていたため、その長さを基準にして、いろいろなものの長さをはかったと考えられています。さらに、重さは、それぞれの枡にキビの実をいっぱいに入れ、その重さを基準にしてさまざまなものをはかったと考えられています。

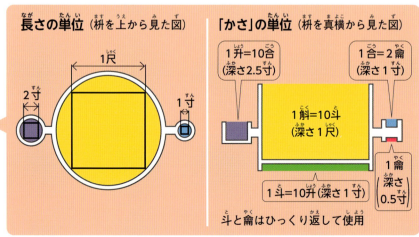

単位になったお金

中国では、唐王朝（618年〜907年）になると、「開元通宝」とよばれるお金（硬貨）がつくられました（621年）。

ところが、その硬貨は、お金としてつかわれただけでなく（硬貨でなにかを買うのではなく）、重さの基準（単位）としても用いられるようになります。つまり、ものの重さがその硬貨によってあらわされていたのです。

もう少しくわしく説明すると、硬貨は形、寸法、重量ともに正確であったことから、重さの単位にも用いられ、1枚の重さから、重さの単位である「銭」ができました。

直径8分 (0.8寸) (約24mm)

重さ 1銭（約3.73g）1両の $\frac{1}{10}$

その後1両＝10銭、1銭＝10分、1分＝10厘などの重さの単位ができました。それは、日本にも伝わり、「匁」とよばれる日本の重さの単位になりました（→p22、①巻p23）。

もっとくわしく

人類初の硬貨

左ページに記した黄河文明とならぶ「世界四大文明」のひとつである古代メソポタミアの碑文には、銀をつかって代金の支払いをしていたようすが古代のくさび形文字★で記されています。そのことから人類が最初に硬貨をつかったのは、古代メソポタミアであったと考えられています。

なお、その当時の硬貨は、価値が決められていたわけではなく、いちいち硬貨の重さをはかり、その重さを基準として支払っていたこともわかりました。硬貨が重さをあらわす単位としてつかわれていたのです。

4 日本の単位

中国では、唐の時代に硬貨が重さの単位としてつかわれました（→p21）。
日本でも、唐の制度を借用して重さの単位がつくられ、「匁」という単位ができました。
それは、「一文銭」という硬貨の重さ（目方）が基準にされました。

一文銭1000枚をひもでつなぐと1貫

「一文銭」は、江戸時代のお金のなかでいちばん価値の小さな硬貨です。いまでいう1円玉！ 形は、5円玉や50円玉のようにあなが空いています。そのあなにひもをとおして100枚ずつまとめ、その10本分の重さを「1貫」と定めました。

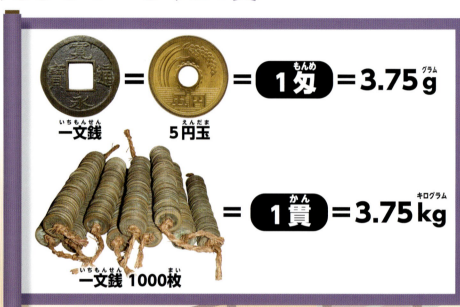

一文銭 = 5円玉 = 1匁 = 3.75g

一文銭 1000枚 = 1貫 = 3.75kg

これは「銭形平次」というテレビドラマのようすです。平次は、一文銭を投げて悪者をこらしめました。
みんなは、絶対にお金を投げたり、お金であそんだりしてはいけません。

100枚で1本にしてね。

これが10本あれば1貫ね。

日本の「尺貫法」

「尺貫法」の「貫」は、左ページに記した重さの単位の「貫」です。そして「尺」が、長さの単位（→①巻p23、②巻p11）です。

このように日本では、中国大陸や朝鮮半島から伝わってきた長さと面積、重さの基準を「尺貫法」とよび、古くは大宝律令（701年）により、制度として確立されました（→①巻p23）。また「尺貫法」のなかでは、「坪」（→③巻p26）が面積の単位として定められました。

ところが、時代がくだり、第二次世界大戦後になると、世界基準にあわせることにした結果、尺貫法が廃止され、「計量法」（メートル法表示→④巻p16）に切りかえられました。しかし、住宅建築などでは、いまだに尺貫法（→②巻p13）が広くつかわれています。また、このページの写真の例のように、尺貫法がつかわれる場合もあります。

尺貫法における他の重さの単位

1貫	= 100両 = 1000匁 = 3.75kg
1両	= 10匁 = 37.5g
1匁	= 10分 = 3.75g
1分	= 10厘 = 375mg
1厘	= 10毛 = 37.5mg
1斤	= 16両 = 160匁 = 600g

習慣のなかに残る単位

真珠の重さ＝匁

真珠は、重さを基準に単価が決められる。日本が世界の真珠取引の中心としての役割を果たすようになった結果、日本独自の「匁（mom）」が真珠業界での国際共通単位となっている。

角氷の重さ＝貫

かき氷などにつかう角氷の単位は「貫」。1貫目、2貫目のように数えられる。1貫目の角氷で約15〜20杯のかき氷ができる。

タオルの重さ＝匁

タオルの重さは1ダース（12枚）単位ではかる。
1ダースが200匁であれば、3.75g×200匁＝750g、1枚あたりの重さは12で割って62.5gとなる。

各匁のタオル1枚あたりのおおよその重さ

160匁	180匁	200匁	220匁	240匁
1枚 50g	1枚 約56g	1枚 約62g	1枚 約69g	1枚 75g

5 単位の統一

人びとは、社会の発展にともなって各地でことなる単位をつかうことに不便を感じたり、貿易でもやりにくさを感じたりするようになります。それは、お金の歴史と同じ！（→①巻p12）です。

重さの単位kg（キログラム）の登場

　イギリスで産業革命がおこると、科学技術が飛躍的に発展していきました。そうしたなか、重さなどの単位は国や地域でどんどんつくられ、フランス国内だけみても数百ものことなる単位がつかわれるようになりました。すると、売り買いをはじめとして市民の生活上、さまざまな問題がおこっていきました。

　そこでフランスで考え出されたのが、世界共通の重さの単位をつくることでした。

　単位を世界共通にするにはだれにとっても、地球上のどこの地域・国の人にとっても、容易に理解できて、受け入れられることが必要でした。

　たくさんのアイデアが出され、専門家などが議論を重ねました。その結果、考え出されたのが、世界中どこにでもある水の重さを基準にすることでした。

　結果、水1L（リットル）の重さを測定し、それを基準にした単位が世界共通の単位に決まりました。1kg（キログラム）の誕生です。いまから230年以上も前のことです。

　1875年には、パリで、長さや重さなどの単位を統一する「メートル法」を国際的に確立・維持するために国際度量衡局が設立され、条約（メートル条約）が締結されました（→②巻p14）。

重さの基準会議

- この本1冊の重さを基準にしては？
- この石はどうですか？
- 水？
- 私の国の単位を基準にしてください！
- のどがかわいた水がおいしい。

「国際キログラム原器」の登場

1889年、1kgを正確に決めるために「国際キログラム原器」がつくられました。国際キログラム原器とは、高さ約4cm、直径約4cmの筒型の分銅のことです。その分銅は、白金とイリジウムの合金でできたもので、フランスにある国際度量衡局で厳重に保管されました（国際キログラム原器がひとつだけでは不便なので、との複製が40個つくられ、日本をふくむ世界各国に配られた）。

©国立研究開発法人
産業技術総合研究所

二重のガラスの容器のなかに収められた「日本国キログラム原器」。1890（明治23）年から2019（令和元）年まで、約130年にわたって日本の重さの基準として使用されてきた。2019年からは、国際キログラム原器にかわる新しい基準によって1kgの重さが決められている。

すごかったフランス・イギリス

「メートル条約」がパリでむすばれ、国際キログラム原器が登場したころ、同じくフランスで、「ロベルヴァルのはかり」とよばれる上皿天びんが発明されました。それは、ジル・ド・ロベルヴァルという数学者が開発したもので、それまでの天びんばかりにくらべて計量がしやすく、その後世界中に広がりました。

次に、そのシステムを応用してイギリスの発明家ジョン・ワイアットが、数十tもの重さまではかれる台ばかりを考案。その原理をつかった上皿ばかりが、いまもつかわれています。

幕末の日本では

日本では江戸時代後期になると、さまざまな技術が西洋からどんどん入ってきました。その際、kgを単位としたはかりも伝えられ、日本では、貫・匁の目盛りをつけたはかりがつくられます。

1875（明治8）年、「度量衡取締条例」が公布され、1885（明治18）年には日本もメートル条約に加盟。1893（明治26）年に「度量衡法」（→④巻p25）が施行され、尺貫法とメートル法の両方を併用する時代になりました（第二次世界大戦後まで）。

「ロベルヴァルのはかり」は、写真のように、支点で支えられた腕の両端に皿を1枚ずつ取り付けたもの。いっぽうの皿にはかるもの、もういっぽうに分銅をのせて、左右のつりあいで重さをはかる。

6 体重は、はかる場所によってかわる？

むずかしい話が続きましたので、ここでは、親しみやすい内容にします！　上の答えは、「かわる」！　なぜなら、重さは、地球の重力と関係しているからです。質量と重量（→①巻p24）についての理解が必要ですので、やはりむずかしいかも……

質量と重量

質量と重量については、このシリーズ①巻で説明してありますが、ここで、あらためて整理してみましょう。

質量：地球の重力（引力）の影響と関係ない物体そのものの重さのこと。地球上のどこではかっても変化しない。単位はkgやtであらわす。

重量：地球の重力（引力）や遠心力などに影響される、物体がその場所で受ける力のこと。単位は、Nであらわす。

極地方と赤道近くで体重をくらべると

「重力」とは、万有引力（→p27）のことです。地球が自転しているため、地球上のあらゆるもの（人の体をふくめて）、そのものの重さよりほんのわずか軽くなります。

地球の極地方（北極や南極）と赤道地方とをくらべると、赤道地方の方が遠心力（回転の中心から遠ざかる向きにはたらく力）が大きくなることで、重力が小さくなります。なぜなら、遠心力は重力と反対にはたらくからです。つまり、体重は、赤道地方の方が極地方ではかるよりも、軽くなるのです（→①巻p25）。

これらは、外向きに力がはたらいているようす（遠心力）をイメージするものだよ。

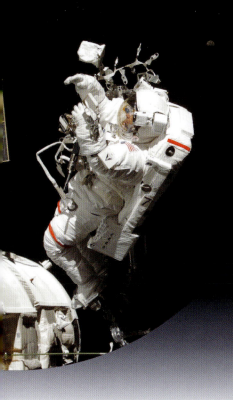

富士山の頂上ではかると？

重力の大きさは物体どうしのきょりと関係します。富士山の頂上は東京湾の平均海面から3776mはなれているため、地球の中心から遠くなり、重力がほんの少し弱まっています（重力が弱まる状態は、宇宙飛行士が地球の表面からずっとはなれた宇宙に浮かぶ飛行船のなかから外へ出て、宇宙遊泳しているのを思いだせばわかるでしょう）。

このため、ものの重さをはかった場合も、低地と高地ではわずかにちがってきます。海面上で1kgだったものは、富士山の頂上では約999gになります（→①巻p25）。

万有引力の法則

「万有引力」とは、地球上だけでなく宇宙のなかにある、重さのあるすべての物体が、おたがいに引っぱりあう力のこと（「万」＝すべて、「有」＝もっている）をいいます。

万有引力の強さは、物体の重さ（質量）と物体どうしのきょりによって決まります。重さが重いほど、物体どうしが近いほど引きあう力は大きく（引力が大きく）なります。

身近にあるすべてのものもそれぞれ引きあっているのですが、その引力はあまりにも弱いため、まったく感じられません。地球上で問題になる重力は、地球が引っぱる力だけといってもかまいません。地球そのものが、太陽のまわりを、太陽から一定のきょりをたもって回っているのも、巨大な太陽の質量による、とてつもなく大きな引力が地球を引っぱっているからです。

では、どうして地球は太陽に引っぱっていかれないのか？ それは、地球が自ら回転しているため、力（遠心力）が回転の中心から遠ざかる向きにはたらき、引力とつりあっているからなのです。ちょうどヨーヨーと同じです。手からはなれたヨーヨーは回転することで、中心（手）から一定のきょりをたもっているわけです。

なお、万有引力を発見したのは、「リンゴが木から落ちるのも月が空から落ちてこないのも、同じ法則によって説明できる」と考えた、かの有名なアイザック・ニュートン（Isaac Newton 1642-1727）。その法則が「万有引力の法則」とよばれています。

クイズ どっちが重い？

重さの単位 kg（キログラム） **かさの単位 L（リットル）** **かさの単位 cc（シーシー）** とは、水の場合 **1kg = 1L = 1000cc** という関係にあります。

単位と数字のちがいにより混乱する人も多い！
ここでクイズを考えながら単位のちがいになれていきましょう。

かんたんバージョン
下の天びんばかりの両側には、それぞれ水の入った容器がのっています。
水の量は見えてませんが、容器にその量が書かれています。
それぞれの天びんばかりはⓐとⓘのどっちが下にいくでしょうか？

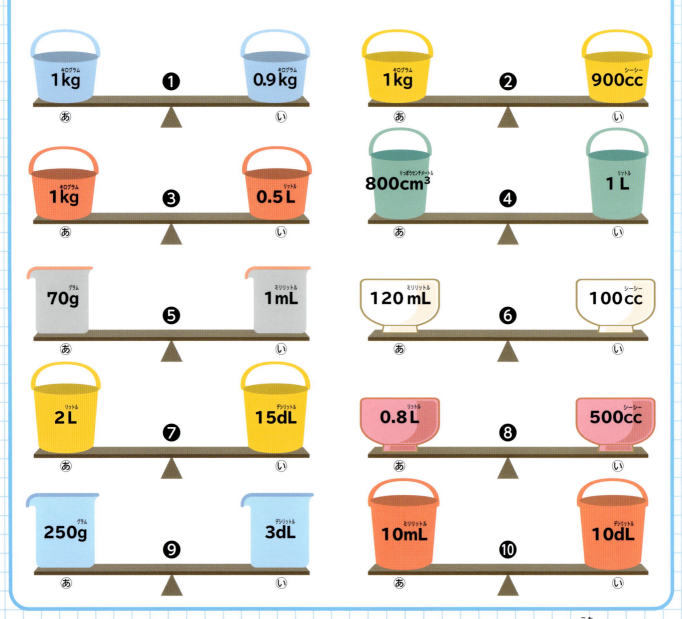

➡ 答えは p32 へ

用語解説

本文を読む際の理解を助ける用語を50音順にならべて解説しています（本文のなかでは、右肩に★印をつけた用語）。（ ）内は、その用語が掲載されているページです。★印は初出にのみつけています。

円周率の計算 （P1）

円の周りのことを「円周」といい、円周の長さが、直径の長さの何倍であるかをあらわす数値を「円周率」という。円周率は、ふつうの計算では3.14（かんたんに3とすることもある）としているが、小数点以下の数字は無限に続く。アルキメデスは、円周は円に内接する平面図形の周りの長さより大きいけれど、外接する同じ形の図形の周りの長さよりは短いことに気づき、内接する図形を正五角形→正八角形……と角数をどんどん大きくして正九十六角形をつくり、約3.14という数字を導きだしたといわれている。

くさび形文字 （P21）

言語の表記に用いられた文字としてもっとも古いものといわれている。絵文字から生まれた「くさび形文字」は、いろいろ変化しながら、およそ3000年以上つかわれた。

黄河文明 （P20）

中国の古代文明のひとつ。黄河流域に形成されたものを黄河文明、長江流域に栄えたものを長江文明とよび、古代中国にはこのふたつの文明が存在した。黄河流域ではアワやキビなどの雑穀が栽培され、長江流域では稲作がおこなわれはじめた。

シルクロード （P17）

中国の長安（現在の西安）から、中央アジア、西アジアをとおり、ヨーロッパのローマを結ぶ古代の交易路のこと。中国特産の絹が運ばれたことから、その名（シルク＝絹、ロード＝道）がつけられたが、実際には、さまざまな物や文化がこの道を通って運ばれた。

新莽嘉量 （P20）

嘉量とは、古代中国で配布された容積の標準器のこと。西暦9年、新王朝をたてた王莽は新しい度量衡を定め、標準の計量器をつくり全国に配布した。この計量器を新莽嘉量という。

世界四大文明 （P20）

紀元前3500年ごろ、西アジアのチグリス川とユーフラテス川のあいだの地域で都市がつくられ、メソポタミア文明がおこった。同じころ、アフリカ大陸を流れるナイル川流域でも、国としてのまとまりができ、エジプト文明がさかえた。それから500年ほどおくれて、インド、パキスタンを流れるインダス川流域でインダス文明が生まれた。中国では紀元前1600年ごろには黄河流域に殷という国がつくられ、中国文明が栄えた。これら4つの文明は、すべて大きな川のそばで発展したということで共通している。

てこの原理 （P1）

てこで棒を支える点から、力をくわえる点のきょりを長くすると、小さな力で大きな力を得られるという法則。重いものを動かすときにつかわれる。

比重 （P5）

あるものの重さと、これと同じ体積のセ氏4度の水の重さを「1」としてくらべたときの割合。ものの比重が1より大きい場合は、水よりも重いため水にしずみ、比重が1より小さいものは、水よりも軽いため水に浮く。

浮力の原理 （P5）

プールに入ると体が軽く感じたり、船が浮いたりするのは、水には水のなかのものを浮き上がらせようという力があるから。この力を「浮力」という。浮力の原理とは、「液体のなかに物体を入れると、その物体の重さに関係なく、液体のなかに入っている物体の体積分だけ浮力を受ける」という法則のこと。

さくいん

さくいんは、本文および「もっとくわしく」から用語および単位名・人物名をのせています（用語解説に掲載しているものは省略）。

あ

アイザック・ニュートン……27
厚紙（あつがみ）……18
イギリス……24, 25
1円玉（えんだま）… 12, 14, 18, 19, 22, 29
一文銭（いちもんせん）……22
引力（いんりょく）……26, 27
宇宙飛行士（うちゅうひこうし）……27
宇宙遊泳（うちゅうゆうえい）……27
上皿ばかり（うわざら）……25
遠心力（えんしんりょく）……26, 27
重さ（おもさ）…… 12, 13, 14, 15, 16, 17,
　　　　18, 19, 20, 21, 22, 23,
　　　　24, 25, 26, 27, 28, 29
おもり……16, 17, 19

か

開元通宝（かいげんつうほう）……21
かき氷（ごおり）……23
角氷（かくひょう）……23
かさ……20, 28, 29
紙ねんど（かみ）……18, 19
貫（かん）……23, 25
極地方（きょくちほう）……26
キログラム（Kg）… 24, 25, 26, 28
計量法（けいりょうほう）……23
消しゴム（け）……12, 18, 19
合（ごう）……20
硬貨（こうか）……12, 21, 22
国際キログラム原器（こくさい・げんき）……25
国際度量衡局（こくさい・どりょうこうきょく）……24, 25
50円玉（えんだま）……12, 14, 22
古代メソポタミア（こだい）……21
500円玉（えんだま）……12, 14
コンパス……18

さ

さおばかり……17, 18, 19
産業革命（さんぎょうかくめい）……24
始皇帝（しこうてい）……20
死者の書（ししゃ・しょ）……16
質量（しつりょう）……26, 27
尺（しゃく）……23
尺貫法（しゃっかんほう）……23, 25
重量（じゅうりょう）……21, 26
重力（じゅうりょく）……26, 27
升（しょう）……20
真珠（しんじゅ）……23
赤道（せきどう）……26
接着剤（せっちゃくざい）……18
銭（せん）……21

た

第二次世界大戦（だいにじせかいたいせん）……23, 25
台ばかり（だい）……25
大宝律令（たいほうりつりょう）……23
タオル……23
竹ひご（たけ）……18
たこ糸（いと）……18, 19
坪（つぼ）……23
てこ……16, 17
天びん（てん）…… 13, 16, 17, 20, 25,
　　　　28, 29
斗（と）……20
度量衡取締条例（どりょうこうとりしまりじょうれい）……25
度量衡法（どりょうこうほう）……25
トン（t）……26

な

長さ（なが）…… 18, 20, 23, 24
ニュートン（N）……26
のり……12

は

はさみ……12
万有引力の法則（ばんゆういんりょく・ほうそく）……27
ビール……15
100円玉（えんだま）……12, 14
富士山（ふじさん）……27
フランス……24, 25
分銅（ふんどう）…… 13, 16, 17, 25

ま

枡（ます）……20
メートル条約（じょうやく）……24, 25
メートル法（ほう）……23, 24, 25
面積（めんせき）……23
匁（もんめ）…… 21, 22, 23, 25

や

龠（やく）……20
ヨーヨー……27

ら

ローマばかり……17
ロベルヴァルのはかり……25

31

■著

稲葉茂勝（いなば　しげかつ）

1953年東京生まれ。大阪外国語大学、東京外国語大学卒業。国際理解教育学会会員。子ども向け書籍のプロデューサーとして約1500冊を手がけ、「子どもジャーナリスト（Journalist for Children）」としても活動。

著書として『目でみる単位の図鑑』、『目でみる算数の図鑑』、『目でみる１mmの図鑑』（いずれも東京書籍）や『これならわかる！　科学の基礎のキソ』全８巻（丸善出版）、「あそび学」シリーズ（今人舎）など多数。2019年にNPO法人子ども大学くにたちを設立し、同理事長に就任して以来「SDGs子ども大学運動」を展開している。

■監修協力

佐藤純一（さとう　じゅんいち）

国立学園小学校校長・付属かたばみ幼稚園園長。小学校算数教科書著作者。全国の私立・国立・公立小学校100校以上の研究会に講師として参加。子どもと創る算数教育の普及に尽力している。

小野　崇（おの　たかし）

桐朋学園小学校理科教諭。

■絵

荒賀賢二（あらが　けんじ）

1973年生まれ。『できるまで大図鑑』（東京書籍）、『電気がいちばんわかる本』全5巻（ポプラ社）、『多様性ってどんなこと？』全4巻（岩崎書店）など、児童書の挿絵や絵本を中心に活躍。

■編集

こどもくらぶ

あそび・教育・福祉分野で子どもに関する書籍を企画・編集。あすなろ書房の書籍として『著作権って何？』『お札になった21人の偉人　なるほどヒストリー』『すがたをかえる食べもの［つくる人と現場］』『新・はたらく犬とかかわる人たち』『狙われた国と地域』などがある。

※本シリーズでの単位記号の表記について
　このシリーズでは、「リットル」の表記を「L」、「アール」の表記を「a」、「グラム」の表記を「g」で統一しています。

```
p28のクイズの答え
❶あ ❷あ ❸あ ❹い ❺あ ❻あ ❼あ ❽あ ❾い ❿い
────────────────────────────
p29のクイズの答え
❶い ❷い ❸い ❹あ ❺い ❻い ❼あ ❽い
```

この本の情報は、2024年12月までに調べたものです。今後変更になる可能性がありますのでご了承ください。

■装丁／本文デザイン

長江知子

■企画・制作

株式会社　今人舎

■写真提供

表紙、P12：桐朋学園小学校
P12：大阪府教育庁
P14：田中貴金属工業株式会社
P21、P22：株式会社大和文庫
P23：武州製氷株式会社
P23：ファストレーディング株式会社

■写真協力

表紙、P16、P17、P20：写真提供　ユニフォトプレス
表紙、P25：©Nikodem Nijaki - Own work
P22：©nonchanon- stock.adobe.com
P22：©As6022014
P23：©Africa Studio- stock.adobe.com
P24：©Alexey- stock.adobe.com
P26：©NASA
P27：©kateleigh- stock.adobe.com

■参考資料

新莽嘉量について（岩田重雄）
国立国会図書館ウェブサイト
https://dl.ndl.go.jp/view/prepareDownload?contentNo=1&itemId=info%3Andljp%2Fpid%2F10632045

国立研究開発法人産業技術総合研究所
計量標準総合センターホームページ
「日本国キログラム原器」
https://unit.aist.go.jp/nmij/library/nmij_icp/kilogram.html

産総研質量標準研究グループ
「質量の単位　『キログラム』」
https://unit.aist.go.jp/riem/mass-std/Kilogram.html#はじめに

「こうすれば好きになる　あたらしい算数　はかってあそぼう　量と測定」（監修・横地清　編著・こどもくらぶ　発行・すずき出版）

「目からウロコ」単位の発明！　⑤重さの単位　取引のために金銀・香料などをはかるには?　NDC410

2025年2月25日　初版発行

著　者　稲葉茂勝
発行者　山浦真一
発行所　株式会社あすなろ書房　〒162-0041　東京都新宿区早稲田鶴巻町551-4
　　　　電話　03-3203-3350（代表）
印刷・製本　株式会社シナノパブリッシングプレス

©2025　INABA Shigekatsu
Printed in Japan

32p／31cm
ISBN978-4-7515-3235-5

いろいろな面積の単位

表の見方

- ■ の部分は、左側に示すそれぞれの単位の1平方メートル（m²）、1アール（a）、1坪、1エーカー（ac）などを示している。
- ■ の部分の上下を見ると、たとえば 1a が 100 m² とか 0.01 ha、30.25坪であることがわかる。

- たとえば昔の単位の1反は現代の単位ではどのくらいになるかを知ろうとした場合、1反を見れば、その2つ上の300から300坪だと、またいちばん上の数字から 991.74 m² であるとわかる。

面積の単位の換算早見表

メートル法	平方メートル（m²）	**1 m²**	100	10000	1000000	3.31
	アール（a）	0.01	**1 a**	100	10000	0.03
	ヘクタール（ha）	—	0.01	**1 ha**	100	—
	平方キロメートル（km²）	—	—	0.01	**1 km²**	—
尺貫法	坪（歩）	0.3	30.25	3025	—	**1坪**
	畝	0.01	1.01	100.83	10083.3	0.03
	反	—	0.1	10.08	1008.33	—
	町	—	0.01	1.01	100.83	—
ヤード・ポンド法	平方フィート（ft²）	10.76	1076.39	—	—	35.58
	平方ヤード（yd²）	1.2	119.6	11959.9	—	3.95
	エーカー（ac）	—	0.02	2.47	247.11	—
	平方マイル（mile²）	—	—	—	0.39	—